L'AGRICULTURE

A L'EXPOSITION UNIVERSELLE DE 1867.

RAPPORT

COMMUNIQUÉ AU COMICE AGRICOLE DE RIBEAUVILLÉ

DANS SA SÉANCE DU 11 JUILLET 1868.

PAR

J. F. FLAXLAND

Membre du Comice de Ribeauvillé ; Membre fondateur de la Société des agriculteurs de France ;
Membre honoraire de la Société des vétérinaires d'Alsace.

PARIS

LIBRAIRIE AGRICOLE, RUE JACOB, 26.

1868.

L'AGRICULTURE

A L'EXPOSITION UNIVERSELLE DE 1867.

RAPPORT

COMMUNIQUÉ AU COMICE AGRICOLE DE RIBEAUVILLÉ
DANS SA SÉANCE DU 11 JUILLET 1868.

PAR

J. F. FLAXLAND

Membre du Comice de Ribeauvillé ; Membre fondateur de la Société des agriculteurs de France ;
Membre honoraire de la Société des vétérinaires d'Alsace.

PARIS
LIBRAIRIE AGRICOLE, RUE JACOB, 26.
1868.

L'AGRICULTURE

A L'EXPOSITION UNIVERSELLE

DE 1867.

COLMAR, Imprimerie et Lithographie de CAMILLE DECKER.

L'AGRICULTURE

A L'EXPOSITION UNIVERSELLE DE 1867.

A Monsieur Lefébure, Président du Comice agricole de la circonscription de Ribeauvillé (Haut-Rhin), membre de la Chambre législative.

Monsieur,

Le Comice que vous présidez a bien voulu me déléguer à l'Exposition du Champ-de-Mars et m'autoriser à vous signaler non-seulement l'état de l'agriculture dans ses rapports avec les sciences et les industries proprement dites, mais encore à vous indiquer quelques unes des causes qui empêchent l'agriculture de marcher de front avec le mouvement progressif de la société.

Ce but, Monsieur le Président, a sans doute été atteint, en grande partie, par l'enquête faite récemment par le gouvernement de l'Empereur. Mais, si dans les minutieuses et nombreuses investigations économiques, politiques et sociales, l'enquête a été féconde en bons résultats, l'Exposition du Champ-de-Mars n'en présente pas moins un côté scientifique de l'agriculture qui semble, jusqu'ici, avoir moins fixé l'attention générale et qui, de nos jours, doit faire plus spécialement l'objet des études du cultivateur.

Les sciences et les arts sont en effet liés à l'exploitation du sol plus intimement qu'on ne le pense communément. C'est aux sciences naturelles que l'agriculture a à demander de nouvelles découvertes physiologiques dans le règne végétal et dans le règne animal. C'est aux arts qu'elle doit ces merveilleux engins à l'aide desquels l'homme est parvenu à soumettre à sa volonté de puissantes forces motrices, inconnues dans les siècles antérieurs, et empruntées à l'air, à l'eau, à l'électricité, et enfin aux minerais qui, arrachés aux profondeurs de la terre, sont venus contribuer à créer cet ensemble d'agents mécaniques qui constituent aujourd'hui la puissance et la prospérité des industries manufacturières. A leur tour les lettres contribuent à un haut degré au développement agricole; ce sont les mille voix de la presse qui portent du Nord au Sud, du Levant au Couchant, les résultats des recherches entreprises par les savants et les agronomes.

Envisagée à ce point de vue, l'Exposition qui nous occupe compte assurément parmi les grands événements du siècle. Elle réunit aux productions des sciences, des arts et des industries les produits du sol : L'homme d'armes, le navigateur, le savant et l'agriculteur se sont rencontrés dans cette immense arène, et chacun, dans cette lutte, à la fois grandiose et pacifique, a trouvé ses récompenses et ses encouragements.

Mais, en face de ce mouvement prodigieux de l'intelligence et de l'activité humaine, j'ai pensé, Monsieur le Président, que ce n'était pas le moment de m'arrêter à l'étude comparée des divers produits que les nations les plus lointaines sont venues exhiber à côté des produits indigènes. La comparaison des outils et des machines destinés à féconder le sol, ainsi que celle des diverses espèces et races d'animaux domestiques servant à l'alimentation publique, ou employées à la locomotion, me semblait ne pas être de nature à faire l'objet d'un rapport dont le cadre ne peut être que fort restreint. D'excellents comptes-rendus sur ces diverses branches de l'économie rurale ont été, d'ailleurs, publiés par les journaux spéciaux et sont entre les mains de ceux des agriculteurs qui tiennent à s'instruire. Le point principal sur lequel j'ai cru devoir porter toute mon attention, consistait donc dans l'étude sommaire des progrès réalisés par l'agriculture comparativement aux progrès des sciences et de l'industrie. Je craignais d'autant moins d'aborder cette étude qu'elle a déjà fait l'objet d'un mémorable discours prononcé au sénat par l'un de ses plus illustres membres, M. Dumas. Toutefois, si, envisagées uniquement au point de vue scientifique, les conclusions du savant orateur paraissent être d'une vérité indubitable, elles sont néanmoins basées sur des arguments qui ne sauraient être acceptés, sans objections, par l'agriculture pratique. Ce sont ces objections, ou plutôt des considérations à ce sujet, Monsieur le Président, que je crois tout d'abord, et dans l'intérêt de notre économie rurale, devoir soumettre à votre appréciation.

De l'influence des sciences naturelles sur l'industrie et sur l'agriculture.

I.

Dans son rapport adressé au sénat le 22 juillet 1867, M. Dumas s'exprime ainsi :

« En ce moment où l'Exposition universelle vient de réunir au « Champ-de-Mars les produits de l'industrie et ceux de l'agriculture « de toutes les parties du monde et d'appeler, pour les juger, les « hommes préparés par leurs études à reconnaître et à préciser la « valeur de chacun d'eux, vous ne serez pas surpris, Messieurs les « Sénateurs, que les vétérans de ces grands concours aient échangé « leurs impressions et comparé leurs souvenirs. »

« C'est ainsi que M. le baron de Liebig et votre rapporteur, depuis « plus de quarante ans, spectateurs assidus du mouvement de la science « et du progrès de ses applications, essayant, il y a quelques jours, de « résumer leurs appréciations respectives, arrivaient ensemble à cette « conclusion réfléchie : que, *pour les emprunts qu'elle fait à la science,* « *pour la confiance qu'elle accorde à ses méthodes, l'agriculture est* « *encore arriérée d'un quart de siècle sur l'industrie.* »

Cette conclusion, exprimée par une voix si éloquente et si autorisée devant un tribunal suprême, serait assurément une accusation bien méritée, si des circonstances atténuantes, et indépendantes de l'initiative de l'ouvrier agricole, ne venaient pas témoigner de ce fait que les causes de ce *retard* et de ce *manque de confiance* résident dans l'insuffisance même de la sphère des connaissances ouverte par les sciences naturelles au développement et aux progrès de l'agriculture. En d'autres termes, je dirai que les sciences se sont présentées aux diverses industries manufacturières avec des méthodes et des données certaines, positives, constantes et surtout d'une application presque immédiate, mais que, par contre, les sciences ont été d'une application moins directe en agriculture à cause des nombreuses difficultés qu'elles ont rencontrées dans les recherches et dans l'explication des phénomènes de la végétation, dans les agents mystérieux qui créent, qui développent et qui, finalement, détruisent les plantes et les animaux.

En effet, il y a trente ans à peine, les sciences naturelles indiquaient à l'agriculteur le règne végétal comme étant le laboratoire dans lequel devait résider toute la vie organique, et s'y former aux *dépens de l'air*. De ce laboratoire les éléments organiques devaient passer, d'abord, dans les animaux herbivores, ensuite dans les animaux carnivores, et, en dernier lieu, retourner à leur source primitive, à l'atmosphère.

« Ainsi se forme, disaient alors MM. Dumas et Boussingault, ce « cercle mystérieux de la vie organique à la surface du globe : L'air « contient ou engendre des produits oxydés ; acide carbonique, eau, « acide azotique, oxide d'ammonium. Les plantes, véritables appareils « réducteurs, s'emparent de leurs radicaux, carbone, hydrogène, « azote, ammonium. Avec ces radicaux, elles façonnent *toutes les « matières organiques ou organisables* qu'elles cèdent aux animaux. « Ceux-ci, à leur tour, véritables appareils de combustion, reproduisent « à leur aide l'acide carbonique, l'eau, l'oxide d'ammonium et l'acide « azotique qui retournent à l'air pour reproduire de nouveau et dans « l'immensité des siècles les mêmes phénomènes [1]. »

Tels ont été, il y a trente ans seulement, je viens de le faire remarquer, les principes fondamentaux sur lesquels les princes de la science proposaient d'ériger l'industrie agricole : condenser les agents atmosphériques, et les mettre à la disposition des végétaux, ce fut là le problème dont on recherchait la solution à l'aide d'analyses et de procédés chimiques.

Mais, quelle que fut l'élévation des idées qui surgirent dans la nouvelle théorie, celle-ci ne semblait pas moins contraire aux nombreux faits observés par l'agriculteur praticien, et celui-ci refusait d'attacher à la nouvelle doctrine scientifique toute l'importance à laquelle s'attendaient ses fondateurs.

Ce serait assurément chose fastueuse que de relater ici les nombreuses péripéties qui, pendant un grand nombre d'années, se succédèrent à la suite des contradictions entre les sciences naturelles et la pratique agricole. Je me borne donc à dire que le laboureur continuait

[1] Voy. *Essai de statique chimique des êtres organisés*, par DUMAS et BOUSSINGAULT. Paris, 1844.

à persévérer dans son ancienne et très-simple croyance suivant laquelle l'atmosphère ne pouvait seule servir de laboratoire *pour façonner toutes les matières organiques*, que les éléments terreux et minéraux devaient jouer un rôle considérable dans la vie des plantes, et, par conséquent, dans la composition des engrais, composition qui fut, le lecteur le comprendra facilement, le point culminant de ces ardentes controverses.

Mais ces controverses, je m'empresse de le dire, ne furent pas stériles, ni pour la science ni pour la pratique, et l'initiative prise par les savants chimistes français, leur ardent désir d'être utiles à l'agriture, provoqua bientôt chez nos voisins d'Outre-Manche et d'Outre-Rhin une nouvelle impulsion, un nouvel essor scientifique dans l'intérêt de cette industrie qui constitue incontestablement la source principale de la prospérité des nations.

Parmi les noms des savants étrangers qui, dès-lors, contribuèrent le plus au mouvement progressif, je dois citer, en première ligne, le nom si connu du baron de Liebig. C'est Liebig qui, le premier, vint déclarer hautement que le sol ne peut pas être considéré uniquement comme piédestal des plantes; que les analyses chimiques ont été, jusqu'alors incomplètes; que les substances salines et terreuses qui restent comme résidus après l'incinération sont considérées à tort comme se trouvant accidentellement dans les plantes, que ces substances ne varient pas, comme on le pensait, suivant le lieu et la nature géognostique des terrains; qu'au contraire, les semences, les fruits, les racines et les feuilles absorbent des éléments minéraux, et enfin que ces éléments ne sont pas des constituants accidentels et variables, mais qu'ils servent à l'alimentation et à l'édification même du corps des végétaux.

Les conclusions de cette nouvelle théorie furent naturellement celles-ci :

1° Que le sol devait perdre sa fécondité à mesure que les plantes absorbent la provision des principes nutritifs qu'il renferme.

2° Que pour conserver au sol sa fertilité, la première condition consiste dans une restitution complète des éléments minéraux qui lui ont été enlevés par les récoltes.

3° Que l'unique moyen d'accroître les récoltes, c'est d'augmenter la somme des éléments nourriciers renfermés dans le sol.

4° Que les éléments atmosphériques se trouvant en grande abondance, et partout dans la même mesure, à la surface du sol, l'agriculteur a plus spécialement à s'occuper des éléments minéraux dont les plus importants disparaissent à la suite des récoltes, et sont souvent entraînés, par les fleuves et les rivières, dans l'immensité des mers.

Ce fut ainsi que, par la voix du célèbre chimiste allemand, la terre vint disputer et réclamer sa part contributive à la consitution des êtres organisés. Mais, malgré les progrès considérables que fit la culture du sol à la suite de ces découvertes physiologiques, la doctrine de Liebig ne trouva pas moins des adversaires ardents, et M. Pusey, Président de la Société royale d'agriculture en Angleterre, proclama même hautement, au bout d'un certain nombre d'années, que la *Théorie minérale*, fondée par Liebig, avait reçu un *coup mortel* par les expériences pratiques.

En effet, entraînés par cette irrésistible tendance qui conduit si facilement les hommes d'un extrême à l'autre, les agriculteurs, surtout ceux des Iles Britanniques, s'étaient mis à expérimenter la nouvelle doctrine en combinant des engrais concentrés dont la composition consistait uniquement dans des engrais minéraux. En somme, les résultats de ces expériences furent si peu favorables à la théorie minérale que son fondateur ne put s'empêcher de faire de nouvelles publications dans le but de démontrer que sa théorie n'était pas sufffsamment comprise, et, sans doute, pas suffisamment expliquée.

Liebig déclare, dans ces derniers et importants écrits, qu'il n'entend pas exclure des engrais minéraux les éléments atmosphériques; qu'entre tous les éléments de la terre, de l'eau et de l'air, il existe une telle solidarité que, si dans toute la chaîne des causes qui déterminent la transformation de la matière organique en substances susceptibles d'une activité organique, il venait à manquer un seul anneau, la plante ou l'animal ne pourrait exister.

L'opinion la plus répandue, et dont l'origine remonte à la première des théories dont j'ai parlé plus haut, consistait, il y a quelques années seulement, à considérer l'azote[1] non-seulement comme la plus efficace de toutes les matières fertilisantes, mais même comme

[1] On sait que l'azote est le gaz le plus considérable qui entre dans la composition de l'air atmosphérique ; il y occupe 79 centièmes. Le gaz azote et l'oxigène sont les deux fluides qui composent essentiellement l'air atmosphérique.

la seule réellement utile à la végétation [1]. On avait, en effet, classé les engrais d'après leur richesse en azote, de sorte qu'aux yeux de ceux des agriculteurs qui suivaient les méthodes enseignées par la chimie agricole, l'azote servait d'échelle pour mesurer la valeur des engrais, tant pour l'usage que pour le prix.

Mais de nouvelles études et de nouvelles analyses chimiques vinrent bientôt donner à Liebig, selon sa propre expression, « la conviction intime que si l'amélioration des champs, et l'accroissement de leurs produits, dépendaient de l'ammoniaque, qui est la substance la plus azotée, il faudrait *renoncer définitivement au progrès en agriculture.* » Liebig engagea, en conséquence, les agriculteurs à ne pas croire à la supériorité de l'azote sur les autres matières fertilisantes, et démontra, d'abord, que toutes les espèces de terrains, même les plus mauvais, sont beaucoup plus riches en azote qu'ils ne le sont, pour la plupart, en acide phosphorique ou en potasse; et ensuite, que l'atmosphère, à elle seule, et sans le secours du sol, pouvait fournir autant de nourriture azotée que la culture la plus intensive pouvait en exiger.

Après toutes ces longues et laborieuses recherches, faites par des savants si éminents, l'agriculteur praticien ne pouvait assurément faire autrement que de classer les engrais en deux catégories distinctes.

1° En engrais connus sous les noms « artificiels; spécifiques; chimiques; complémentaires; concentrés; minéraux; etc , etc., » et dont l'application aux champs doit avoir lieu en raison des éléments nutritifs qui leur ont été enlevés par les récoltes successives.

2° En engrais complets ou fumier de la ferme, destinés à agir non-seulement sous le rapport chimique en restituant à la terre les éléments minéraux et atmosphériques enlevés par les récoltes, mais aussi sous les rapports physiques et mécaniques, en diminuant la cohésion des sols compactes qu'ils rendent légers et poreux, et enfin en donnant à toutes espèces de terre cette souplesse et cette fermentation si appréciées par le cultivateur et dont la science n'a pu rendre rendre compte jusqu'à l'heure présente [2].

[1] Voy. *Les lois naturelles de l'agriculture*, par le baron DE LIEBIG, tome 1er, page 49.

[2] L'effet produit dans le sol par le fumier de la ferme se manifeste non seulement par une nouvelle fertilité mais aussi par la facilité qu'il procure au cultivateur de donner les façons nécessaires à la terre. « Malheureusement, dit Liebig (*Lois naturelles*, 2e vol., p. 144) la science n'est en possession d'aucun moyen

De son côté, M. Dumas, revenant de sa première théorie, admet aujourd'hui la nécessité de classer les engrais en deux catégories.

« Les récoltes végétales, disait M. Dumas, en s'adressant au « Sénat, se classent en deux grandes catégories : les unes empruntent « leurs éléments à l'air et à l'eau pure seule, sans rien demander à la « terre. Le sucre, les huiles, l'alcool, les fécules, le coton sont dans ce « cas. L'agriculteur, qui les produit et qui les exporte, conserve à sa « terre toute sa richesse, s'il a soin de rejeter sur le sol tous les rési- « dus de leur fabrication. L'exportation des récoltes hydro-aériennes « de ce genre n'appauvrit donc pas le fermier qui les produit. »

« Les autres, tels que le blé, les céréales, les graines oléagineuses, « le vin, renfermant à la fois des matériaux analogues aux précédentes, « et des substances fournies par le sol. Ces récoltes, à la fois hydro- « aériennes et terrestres, ne peuvent pas être exportées sans dommage « pour la ferme. La terre s'épuise pour les fournir ; il faut en renou- « veler la surface par des labours de plus en plus profonds, ou, mieux « encore, lui rendre ce qu'elle a perdu. »

« Un pays peut exporter indéfiniment du sucre, des huiles, de « l'alcool, des fécules, du coton, sans ruiner son agriculture. Un pays « qui exporterait incessamment du blé, des céréales, des graines oléa- « gineuses ou leurs tourteaux, des vins, du bétail, sans restituer au sol « les emprunts qu'il aurait subis, se préparerait un avenir plein de « déceptions et de misères..... »

Quoi qu'il en soit de ces classements, le résultat principal des efforts faits par les sciences naturelles, sera d'avoir mieux fait comprendre au cultivateur la haute importance qu'il y a de suppléer ou de remplacer par des engrais ceux des éléments ou aériens ou terrestres qui font défaut au sol, soit par sa composition naturelle, soit à la suite des récoltes.

Si maintenant il faut avouer qu'en général nos agriculteurs ne témoignent pas *assez de confiance en ces méthodes*, qu'ils ne s'adressent pas avec assez d'empressement aux divers laboratoires de chimie agricole établis, depuis un certain nombre d'années déjà, dans plusieurs

qui lui permette de mesurer l'influence des façons mécaniques de sorte qu'il ne nous est pas permis d'en tenir compte. » Cette difficulté me semble être l'une des causes principales de la divergence qui a lieu dans la manière d'apprécier les divers engrais, entre la science et la pratique agricole.

de nos départements, il faut reconnaître également que les assolements, de plus en plus observés et perfectionnés, n'ont d'autre but que de restituer au sol les éléments aériens, hydro-aériens et terrestres absorbés par les plantes et que, si le cultivateur n'a pas cédé aux sollicitations pressantes de la science, c'est, en premier lieu, parce que l'efficacité des engrais chimiques n'est pas encore démontrée d'une manière absolue, en second lieu, parce que les prix de ces engrais sont généralement plus élevés que ceux des fumiers de la ferme, et en dernier lieu, parce que, comme le dit très-judicieusement M. J.-A. Barral, « la science n'est pas encore complète, et que les savants auront encore beaucoup à travailler avant de donner entière satisfaction aux agriculteurs sur l'emploi des matières fertilisantes. »

Je dis plus et j'ajoute, en le regrettant, que pour le cultivateur, la science s'est mise à un point de vue trop abstrait, et ne s'est pas rendu compte de la grande connexité qui doit dominer toutes les productions agricoles. Il eût été peut-être plus avantageux, et le progrès eût été, je le pense, plus rapide si, au lieu d'attacher une si haute importance à l'étude chimique des plantes et au classement des végétaux, on avait fait ressortir, dès le principe, la connexion si intime qui existe entre la production des engrais, la production des fourrages et l'utilisation des eaux dont la vingtième partie à peine est employée en France aux irrigations; et enfin entre les productions des engrais et la nécessité de produire un bétail plus nombreux. On aurait ainsi évité bien des mécomptes; on aurait surtout évité cette fâcheuse tendance de *produire des engrais sans avoir recours aux animaux domestiques.*

A mes yeux, les animaux domestiques, la production fourragère et celle des engrais forment un ensemble indivisible qui constitue la source principale de l'alimentation publique. Cet ensemble constitue, par conséquent, le but suprême de l'économie rurale, car, sans bétail, point de fumier et sans fumier point de céréales. Toute tentative, soit scientifique ou autre, qui détourne l'attention du cultivateur de cette vérité, je dirai presque banale, pourra être une œuvre très-méritoire, mais, à coup sûr, elle ne sera pas sans danger pour le développement agricole[1].

[1] Une nouvelle doctrine, celle de M. *Georges Ville*, occupe, dans ce moment, le monde agricole. Ce n'est pas le lieu d'en rendre compte. Il me suffit de dire qu'aux yeux de M. Ville la production des fourrages et l'entretien du bétail con-

Tels sont, très-succinctement résumés, les rapports entre les sciences naturelles et l'agriculture. Cette situation, je le pense, m'autorise à dire que, *si pour les emprunts qu'elle fait à la science, pour la confiance qu'elle accorde à ses méthodes, l'agriculture est encore arriérée d'un quart de siècle sur l'industrie*, c'est parce que ces méthodes ne sont pas d'une application pratique et immédiate dans les travaux de la ferme, et ne sont pas fondées sur des principes absolument irrécusables.

Espérons donc que l'Exposition du Champ-de-Mars, après avoir donné l'occasion à l'un des savants les plus illustres d'exprimer devant le sénat un jugement à la fois sévère et bienveillant sur notre agriculture, servira également aux uns et aux autres, aux savants et aux agriculteurs, à faire de nouvelles études et de nouveaux efforts pratiques, afin d'éclairer des questions si importantes et entourées de si nombreuses difficultés.

Des rapports entre les arts mécaniques et l'agriculture.

II.

Si, par des raisons diverses dont je crois avoir indiqué les principales, les sciences naturelles n'ont pas été d'une application aussi directe en agriculture qu'elles l'ont été dans les industries manufacturières, par contre les arts mécaniques ont fait entrevevoir vers la fin du siècle dernier déjà, et avec une grande précision, les immenses avantages qu'ils sont à même de réaliser dans les travaux agricoles. Les très-nombreux spécimens de machines à battre, à semer, à fau-

stituent une véritable hérésie. Avec un mélange de quatre substances, une matière azotée, du phosphate de chaux, de la potasse et de la chaux, M. Ville soutient faire produire à la terre les plus fortes récoltes possibles. Je ne vois, dans cette doctrine, qu'une exagération regrettable de la doctrine minérale de Liebig, de laquelle elle ne diffère que par l'emploi des matières azotées qui, d'ailleurs, n'ont jamis été exclues par le célèbre chimiste de Munich.

cher, à faner, etc., etc., exposées au Champ-de-Mars et à l'Ile de Billancourt, prouvent d'ailleurs que l'art mécanique n'est pas autorisé à adresser à l'agriculture un reproche d'indifférence, car, s'il est vrai que l'*offre* est la conséquence de la *demande*, l'Exposition de 1867 est un témoignage irréfragable que la *demande* ne fait pas défaut.

Néanmoins, les machines agricoles n'ont pas encore atteint le développement et la perfection des machines industrielles. La vapeur, d'ailleurs, n'est pas encore parvenue à rendre à la fécondation du sol les mêmes services qu'à la production des choses de l'industrie.

C'est l'Angleterre, il faut l'avouer, qui a pris l'initiative et dans l'application et dans la construction perfectionnée de la mécanique agricole. Ses grandes propriétés territoriales qui passent de père en fils, ses capitaux, ses fers, ses houilles, son commerce cosmopolite, étaient évidemment autant de stimulants qui devaient exciter l'emploi de ces privilèges. Ce furent, en effet, nos voisins d'outre-Manche qui, les premiers, osèrent rompre le pacte que nos ancêtres semblaient avoir contracté, pendant une longue série de siècles, avec les charrues primitives. La plus ancienne fabrique d'instruments aratoires en Angleterre est celle de MM. Garret et fils à Saxmundham. Son fondateur fut un simple maréchal-ferrant qui fit sa fortune par des perfectionnements qu'il sut introduire dans la scierie mécanique. Cette fabrique occupe aujourd'hui, dit-on, plus de 1,600 ouvriers, et ses produits vont au-delà des mers sur des navires qui lui appartiennent. L'établissement de construction de machines agricoles de MM. Ransoms et Sims est presque aussi ancien que celui de Saxmundham et doit sa prospérité au Quaker Robert Ransomes lequel, en 1785, prit un brevet pour une invention dont lui-même ne prévoyait pas toute l'importance, et qui consistait dans une ingénieuse application de la fonte aux charrues. Moins ancien que les établissements que je viens de citer, celui de John Howard ne date que de l'année 1836. John Howard, modeste commerçant à Bedford, fit le trafic d'instruments agricoles et eut l'idée de construire lui-même une charrue perfectionnée. Vingt ans plus tard, les fils de John Howard montèrent à Iron Works, près Bedford, une usine dont les premiers frais d'établissement exigèrent la somme considérable d'environ 20 millions de francs. Cette immense fabrique livre annuellement à l'agricullture près de 12,000 charrues en fer, 150 à 200 charrues à vapeur, 1,200 rateaux à cheval, 1,600 faneuses, sans compter les nombreux engins de moindre importance.

Toutefois, le développement, l'extension et l'application de la mécanique agricole ne datent que de la première Exposition internationale qui eut lieu à Londres en 1851 [1]. Dans cette Exposition, qui avait réuni pour la première fois l'agriculture à l'industrie, on voyait tout au plus une douzaine de machines à vapeur destinées aux travaux du sol, et la plupart d'entre elles était loin d'inspirer au cultivateur une grande confiance. Néanmoins, l'Exposition fut une véritable révélation pour l'agriculture française qui ne se doutait pas des profondes modifications qu'avait subies, dans les Iles-Britaniques, la mécanique agricole. A la vue de ces nombreux engins de toutes sortes qui avaient pénétré dans les fermes de l'autre côté de la Manche, nos agriculteurs furent frappés d'étonnement; mais telle est la puissance des habitudes qu'ils auraient peut-être hésité à emprunter à nos voisins leurs merveilleuses inventions, s'ils n'y avaient entrevu un moyen d'atténuer les inconvénients résultant chez eux de l'émigration des ouvriers, attirés dans les grands centres manufacturiers et autres, par des salaires élevés.

D'ailleurs, quand on suit le calcul établi par le professeur Rogers, selon lequel la force virtuellement renfermée dans une couche de houille, dont la surface est d'un hectare et la puissance d'un mètre, est équivalente à la force que produiraient cinq mille hommes robustes travaillant sans interruption pendant toute leur vie, on comprend facilement que l'Angleterre, qui possède dans ses mines de charbon une force mécanique plus grande et plus économique que celle que

[1] On sait qu'en 1849 l'opinion publique, hostile encore aux idées du libre-échange s'était prononcée contre le projet d'une Exposition *internationale*. Les chambres de commerce, consultées à ce sujet, répondirent qu'une Exposition *universelle* à Paris produirait un cataclisme industriel en France. Richard Cobden qui alors avait visité l'Exposition *nationale* qui eut lieu la même année, retourna en Angleterre avec la résolution d'y provoquer une Exposition *internationale*, il considérait une Exposition de ce genre comme le meilleur moyen de confondre les idées *protectionnistes*. La première Exposition *universelle* eut en effet lieu à Londres en 1851. « Les Français qui s'étaient rendus à Londres, dit M. Devinck dans ses remarquables *Recherches historiques sur la marche du commerce et de l'industrie*, pour y présenter leurs produits à l'Exposition, avaient été frappés du mouvement des affaires de ce pays si libéral et si respectueux devant la loi; ils y avaient vu les richesses commerciales et industrielles de l'Angleterre étalées dans son beau Palais de cristal, et ne pouvaient s'empêcher de faire des réflexions pénibles sur ce qui s'était passé en France depuis 1848.

pourraient produire tous les hommes adultes qui couvrent la surface de la terre, devait faire, de l'emploi de cette force virtuelle, l'un de ses problèmes les plus favoris.

En France, le mouvement opéré en faveur des machines agricoles rencontra des difficultés qui n'existaient pas chez nos voisins d'outre-mer : nos cultures variées, le grand morcellement de la propriété territoriale, l'indifférence ou du moins le peu de goût des classes élevées pour les travaux des champs, et enfin la direction prise par les capitaux, n'ont pas été favorables au mouvement en question. D'un autre côté, il faut bien le dire, nos départements les plus avancés en agriculture, comme ceux du Nord et de l'Est, étaient peut-être ceux qui, dès le début, témoignèrent, pour l'emploi des machines, le moins de sympathie : le petit propriétaire voyait en elles des engins qui devaient servir aux grands possesseurs de domaines à lui faire une concurrence dangereuse, et l'ouvrier, voyant les mille bras de fer, d'acier et de fonte, destinés à exécuter les travaux qui, jusque-là, lui avaient procuré le pain quotidien, ne pouvaient évidemment faire un accueil empressé à des instruments dont il ne savait calculer ni l'importance ni la portée.

Par contre, un petit nombre de grands propriétaires ne tardèrent pas à introduire dans leurs exploitations quelques machines puissantes, parmi lesquelles figuraient, en première ligne, celles à battre les céréales. Mais, soit par excès de prudence, soit par manque d'une initiative énergique, soit à cause de l'entraînement des capitaux vers les opérations financières des villes, l'exemple donné fut peu suivi par la grande et la moyenne propriété qui ne se souciaient pas de fournir à leurs fermiers des instruments dispendieux dont elles n'étaient pas d'avance assurées de retirer un bénéfice réel et certain.

D'ailleurs, bien d'autres causes encore, mais d'un ordre secondaire, s'opposèrent, dans la grande culture, à l'introduction des machines anglaises : d'abord, ce fut la difficulté de réparer au village ou à la ferme les machines disloquées ; puis l'inhabitude du campagnard pour les diriger ; puis le prix d'acquisition, les frais si considérables de douane et de transport, et enfin la nécessité de les confier à des mains non-seulement inhabiles mais même hostiles à l'innovation.

Toutefois, ce moment d'incertitude, ou plutôt de perplexité, eût tout à coup une solution à laquelle, de part et d'autre, on s'attendait le moins : ce fut dans les départements même où la propriété rurale est la plus divisée et qui furent, je viens de le dire, le moins sympathiques à la mécanique agricole, qu'un petit nombre d'abord, un plus grand nombre ensuite, de petits cultivateurs s'aperçurent des immenses avantages qui pouvaient résulter de l'application des engins qui nous occupent. Dès ce moment, des associations entre petits propriétaires, ainsi que des entreprises particulières, prirent l'initiative de transformer les machines fixes en machines ambulantes circulant d'une ferme à l'autre. Bientôt ces machines furent établies dans presque tous les départements du Nord et de l'Est; les ateliers de construction prirent dès-lors une extention considérable, et l'art de construire fit en France de tels progrès, nous venons de le voir au Champ-de-Mars, que, pour l'exécution d'un grand nombre de machines, elle rivalise heureusement avec l'industrieuse Angleterre.

L'Allemagne, plus encore que la France, était loin, il y a une quinzaine d'années, de marcher de front avec les Iles-Britanniques dans l'application de la machine à la culture du sol. Au moment où les Garrett, les Howard, les Schuttleworth, les Folwer, etc., venaient de donner une nouvelle et très-grande extension à leur industrie, c'est-à-dire lors de la première Exposition internationale à Londres, il n'y avait, en Allemagne, que quatre fabriques d'instruments aratoires. En 1831, le professeur Fischer, qui publiait alors le projet d'un enseignement à l'usage du maniement et de la construction des machines agricoles, n'hésitait pas à dire que, de tout temps, un grand nombre de machines à battre les céréales avaient fait l'objet d'inventions louables, mais que l'on avait toujours reconnu que le *fléau* dirigé par des mains robustes, était l'instrument le plus économique. Le retard éprouvé par l'Allemagne dans l'application des machines est également à rechercher dans le manque de capitaux disponibles à l'agriculture, mais plus encore dans l'élévation des droits d'entrée frappés par les gouvernements des divers Etats sur les fers et les aciers étrangers. D'un autre côté, l'industrie manufacturière en Allemagne, ayant été elle-même en retard sur celles de l'Angleterre et de la France, les ingénieurs-mécaniciens et les constructeurs y firent, en quelque sorte, défaut. En Angleterre, les machines agricoles sont construites à l'aide d'autres machines qui fournissent les pièces de détail, les vis, les boulons, les engrenages, avec une grande rapidité et avec une telle précision que le constructeur n'a, pour ainsi dire, qu'à s'occuper de l'assemblage ou du montage, tandis qu'en Allemagne, pendant de longues années, le constructeur était forcé de préparer péniblement et à la main les diverses pièces dont étaient composées les premières machines. Néanmoins l'Allemagne — et l'Exposition de 1867 le confirme — a fait à son tour d'immenses progrès et renferme aujourd'hui quelques centaines d'ateliers dans lesquels la construction de machines agricoles est devenue une spécialité.

J'ai fait remarquer plus haut que les craintes manifestées en France par les petits propriétaires ont été sans fondement, et qu'au moyen d'associations les plus petits cultivateurs étaient parvenus à utiliser avantageusement un grand nombre d'instruments dont l'invention est récente. L'introduction des machines n'a donc pas, en France, opéré de changement ni en faveur de la grande, ni même en faveur de la moyenne propriété, et le morcellement du sol qui préoccupe si vivement les esprits continue ainsi, et sans obstacle, sa marche ascendante. D'ailleurs, les grandes centralisations dans les villes, les immenses bénéfices réalisés dans les industries et le commerce, la rareté des bras à laquelle les machines agricoles ont été impuissantes de remédier jusqu'à ce jour, et enfin les progrès accomplis dans les travaux du cultivateur, sont les causes qui semblent contribuer de plus en plus à la division des anciens domaines seigneuriaux, jadis si vastes et si peu productifs. Je n'ai pas à m'occuper ici des conséquences que cette transformation a dû avoir et aura encore pour l'agriculture et pour la Société française, mais la question qui doit nécessairement tout d'abord se présenter aux esprits, en voyant les puissantes charrues à vapeur exposées aujourd'hui au Champ-de-Mars, c'est assurément celle de savoir si l'application de la vapeur sera plus efficace que les autres engins à arrêter un jour le morcellement tant déploré par les uns, tant désiré par les autres.

Quand on considère, que, suivant les documents de statistique, la France agricole emploie journellement aux travaux de la terre environ 1,450,000 chevaux ; 173,000 mulets ; 220,000 ânes ; 1,080,000 bœufs; 1,570,000 vaches, on se demande nécessairement si un esprit inventeur et hardi ne trouvera pas un jour, par un grand perfectionnement de charrues à vapeur, le moyen de remplacer les millions d'hommes et d'animaux employés à l'heure qu'il est aux travaux dont il s'agit, et à changer ainsi, ou à modifier du moins en grande partie, les conditions actuelles si favorables à la culture morcelée.

Lorsque les premiers rails d'une voie ferrée furent posés en France, des hommes dépourvus de toute opinion préconçue et de préjugés, n'avaient ni foi ni confiance dans l'innovation, et ne savaient en prévoir les conséquences. Lorsque le premier projet d'un fil électrique, reliant les deux mondes, fut connu, on ne pouvait croire à la possibilité de l'établissement d'un cable qui porterait les pensées de l'homme à travers les immenses profondeurs des mers; et enfin, lorsque en 1855, un constructeur ingénieux proposa en Angleterre de couvrir le sol arable d'un vaste réseau de rails sur lesquels marcheraient les engins destinés à donner toutes les façons nécessaires à l'exploitation du sol, les fils intrépides de l'entreprenante Angleterre ne reculèrent pas devant cette conception grandiose, mais devant les milliards qu'elle réclamerait, et se résignèrent à attendre des temps plus propices.

Ces temps plus propices ne semblent-ils pas s'approcher à pas rapides? — Le développement incessant des villes et de leurs industries; l'émigration continue des populations campagnardes; le manque de bras qui en résulte; la paix armée; et, en dernier lieu, l'état presque stationnaire dans l'accroissement de la population; toutes ces circonstances ne sont-elles pas des indices de la modification dont j'ai parlé tout-à-l'heure? — Ceux des cultivateurs qui ont assisté au concours international, qui s'est tenu les 19 et 20 septembre dernier sur la ferme de Petit-Bourg, seront sans doute disposés à le croire.

L'espace accordée à ces lignes ne me permet pas d'entrer dans des détails circonstanciés sur les essais de culture à vapeur dont je viens de faire mention; néanmoins il me sera permis de constater que le concours dont il s'agit eût lieu sur l'initiative personnelle d'un zélé agriculteur[1]; que l'administration de l'Exposition a bien voulu consentir à l'emploi des machines exposées au Champ-de-Mars et à l'Ile de Billancourt, et enfin que les machines employées sortaient des ateliers de MM. Howard et Folwer qui, pour rendre plus complets les premiers essais de labourage à vapeur, avaient fait venir d'Angleterre les appareils les plus importants et qui ne figuraient pas à l'Exposition universelle.

Cette circonstance, ainsi que l'absence de toute charrue à vapeur française à l'Exposition, sont évidemment des preuves de plus de l'infériorité dans laquelle nous nous trouvons vis-à-vis de l'Angleterre à l'égard de la construction des machines agricoles. Toutefois, je me

[1] Ed. Lecouteux.

hâte de constater que les esprits les plus timorés ont été frappés de l'aisance et de la rapidité avec lesquelles les charrues à vapeur sillonnaient le sol de la ferme de Petit-Bourg et que, parmi un grand nombre des assistants, l'idée surgit spontanément qu'à l'aide d'associations les grands propriétaires pourraient en France, comme ceux de l'Angleterre, offrir des milliers d'hectares à des entrepreneurs qui transporteraient les charrues fumantes d'une terre à l'autre.

La question de l'emploi des charrues à vapeur, grâce à l'Exposition du Champ-de-Mars et grâce à l'initiative prise par M. Ed. Lecouteux, vient donc de faire un pas immense : de l'incrédulité qui la repoussait des esprits, elle y est accueillie à l'état de certitude et se trouve ainsi réduite à s'assurer si l'économie réalisée par son application serait, d'une part, suffisamment rémunératrice pour permettre à des entrepreneurs de se charger de la culture à façon et, d'autre part, si ces entrepreneurs offriraient aux cultivateurs assez d'avantages pour les engager à utiliser des instruments qui rendent de si éminents services dans les Iles-Britanniques.

Les grands et moyens propriétaires de la France auront-ils l'énergie nécessaire pour se constituer collectivement en associations utilisant ces grandes et puissantes machines qui, seules peut-être, seront en état de mettre un frein à la marche progressive du morcellement du sol ? — C'est là assurément un problème que le temps seul saura résoudre dans un avenir plus ou moins rapproché. Toutefois, et en attendant les modifications possibles, je crois devoir appeler toute l'attention des cultivateurs de l'Alsace, où la grande division de la propriété foncière constitue le caractère principal de l'agriculture, à ne pas perdre de vue les réformes importantes que la vapeur sera à même d'introduire dans les travaux de la terre. Les cultivateurs des départements de l'Est, ceux de l'Alsce surtout, comptent parmi ceux qui, les premiers, par une initiative collective ont su utiliser des machines moins compliquées et moins dispendieuses que celles des charrues à vapeur, sauront-ils faire un pas de plus et former, par la réunion de leurs nombreuses parcelles, de vastes champs ouverts à toutes les inventions utiles créées par le génie de l'homme et les progrès de la civilisation ?

Les chemins de fer ont raccourci les distances et rapproché les nations les unes des autres ; la charrue à vapeur parviendra à son tour, je n'en doute pas, par des labours de plus en plus profonds et rapides, à soulager les rudes et laborieux travaux du campagnard et procurer à tous le bien-être que nous devons naturellement attendre de l'industrie et de l'agriculture perfectionnées.

Des conditions nécessaires aux progrès de l'agriculture.

III.

L'Exposition du Champ-de-Mars pouvait être envisagée de deux points de vue très-distincts : d'un côté le visiteur était frappé de toutes les merveilles qui ont surgi comme par enchantement sur un vaste terrain inculte. Les innombrables difficultés qui ont dû se présenter dans la construction, dans l'organisation et dans la distribution d'un si gigantesque édifice frappaient nécessairement tout autant l'esprit d'un grand nombre de visiteurs que la vue des milliers d'objets créés par l'adresse, l'intelligence et l'activité humaine. Mais, d'un autre côté, et à leur tour, l'économiste, le diplomate, le moraliste et, qu'il me soit permis de l'ajouter, l'agronome même qui a suivi plus ou moins le développement successif de la culture de la terre, étaient saisis d'admiration devant cette grandiose exhibition où l'humble charrue, le modeste hache-paille ont eu leurs places d'honneur à côté des chefs-d'œuvre produits par les arts, les beaux-arts, les sciences et l'industrie.

Ce rapprochement entre des éléments si divers, entre les productions des classes de la société qui autrefois savaient si peu s'apprécier réciproquement et, disons le mot, si peu s'estimer, ce rapprochement constitue peut-être l'un des faits les plus remarquables de la civilisation moderne et, en même temps, l'un des faits les plus dignes de méditations. Il n'est pas dans ma mission, je le sais, de relater ici les nombreuses convulsions sociales que l'agriculture a dû traverser avant que le rapprochement dont il s'agit ait pu s'opérer, mais il me sera permis peut-être de jeter un coup-d'œil rapide dans le passé pour mieux faire ressortir le présent, et de rappeler quelques-uns des faits principaux de cette lamentable histoire dans laquelle sont consignées les conditions serviles qui entouraient, pendant une longue série de siècles, l'existence de l'homme des champs.

Deux conditions sont évidemment nécessaires au développement des facultés intellectuelles de l'homme, quel que soit le rang qu'il occupe dans la société. D'une part, ce sont des connaissances acquises par l'étude, la pratique et l'expérience, de l'autre, ce sont des conditions sociales qui, au lieu d'entraver, marchent au contraire côte à côte avec le développement en question. Les premières de ces conditions, c'est-à-dire l'étude, l'observation et la pratique, n'ont pas fait défaut à l'agriculture et le *savoir*, si je puis employer ce terme, le savoir nécessaire pour féconder le sol ne lui a pas fait défaut, même à des époques reculées. Du temps des Romains déjà, le vieux Caton, auquel on demandait en quoi consiste une bonne agriculture, répondait qu'elle consiste, d'abord, dans une *bonne administration*; en second lieu, *dans un labour soigné*; et en troisième lieu, *dans les engrais*. Ces connaissances eussent été suffisantes pour obtenir du sol les produits nécessaires à l'alimentation d'une population moins dense alors qu'aujourd'hui, si des obstacles indépendants de la volonté du laboureur, et que Columelle signale dès le premier siècle de l'ère chrétienne, n'étaient pas venus, alors déjà, paralyser les travaux du campagnard.

« Les principaux de l'État, disait Columelle, s'inquiètent de la stérilité du sol et se plaignent des intempéries des saisons qui, depuis un certain temps, contrarient les récoltes. D'autres pensent que le sol est épuisé par la trop grande fertilité qu'il montrait du temps passé. Mais il n'y a personne d'assez peu raisonnable pour croire que la terre vieillit comme les hommes; et que sa stérilité n'a pour cause que la manière dont nous agissons envers elle, en abandonnant tous les soins de l'agriculture à des esclaves, à des valets inepts et ignorants. »

Cette dernière ligne renferme toute l'histoire de l'agriculture à partir du temps de Columelle jusqu'au XVIe siècle. Pendant cette longue période, le cultivateur n'a pas été esclave, il est vrai, dans toute l'étendue du mot, mais il était serf, attaché à la glèbe, et voué comme tel à perpétuité, lui et sa famille, à la culture de la terre qui lui était assignée. Le cultivateur ne pouvait s'éloigner sans être réclamé et puni par le maître de la terre de laquelle il faisait partie et avec laquelle il était vendu ou transmis par héritage. Malgré les généreux efforts faits d'abord par Charlemagne et ensuite, sept siècle après, par Sully, en faveur de l'agriculture, celle-ci ne restait pas moins dans un état d'avilissement complet.

Mais si le règne de Henri IV fut, pour ainsi dire, le commencement des temps modernes; si les premiers livres d'agriculture furent écrits sous ses auspices par le savant Olivier de Serres, et si le grand roi lui-même protégea l'industrie jusqu'à lui ouvrir les portes du Louvre, il n'en restait pas moins à l'industrie et à l'agriculture d'immenses difficultés à surmonter pour atteindre le moment qui devait les réunir, en liberté, à l'Exposition du Champ-de-Mars. Ce n'était pas, assurément, avec des principes comme ceux proclamés par Richelieu que les industries de la France pouvaient se développer rapidement: tout en vantant les manufactures alors naissantes, tout en exagérant leur mérite pour abaisser celui des fabriques étrangères, le célèbre ministre de Louis XIII ne pouvait s'empêcher de dire hautement que si les peuples devenaient prospères, il serait impossible de les contenir dans le devoir; que s'ils étaient exempts des charges, ils perdraient la marque de leur sujétion et la mémoire de leur condition; et enfin, que s'ils étaient libres de droits, ils penseraient l'être d'obéissance.

Dans un passé moins reculé, sous le règne de Louis XIV, l'opinion politique et les idées économiques ne furent guère plus favorables aux classes laborieuses. Si le règne de Louis XIV fut le commencement de la civilisation de la France, de sa prépondérance militaire et de sa primatie scientifique et littéraire, il n'en faut pas moins constater avec Vauban que les grands chemins et les rues étaient alors pleins de mendiants chassés de chez eux par la faim et le dénuement de toutes choses; que ces mendiants formaient le dixième de la population, et que la moitié de cette population n'était pas en état de leur faire l'aumône, parce qu'elle était réduite elle-même à très-peu près à la même condition. « En tout temps, disait alors le célèbre Ingénieur, on n'a pas eu assez égard, en France, au menu peuple, on en fait trop peu de cas. Cette partie malheureuse de la population est pourtant la plus nombreuse, comme elle est aussi la plus importante par les services réels et effectifs qu'elle rend à l'État. C'est elle qui supporte toutes les charges du royaume et qui souffre le plus de ses calamités. Aussi éprouve-t-elle toute la diminution d'hommes que causent les malheurs publics. Si le peuple n'était pas aussi oppressé, il serait mieux nourri, mieux vêtu et s'accroîtrait davantage. Il travaillerait avec plus de force et de courage, s'il devait profiter quelque peu du fruit de son travail. » Et, en effet, pouvait-il en être autrement à une époque où, à la suite des innombrables péages établis le long des routes, des rivières, des majorats et des fiefs, les moyens de transactions et de transport furent si difficiles et firent si souvent descendre, par des années d'abondantes récoltes, à vil prix les céréales, tandis que, par des années mauvaises, rien ne pouvait venir au secours de la consommation.

Mais, je le répète, ce n'étaient pas les connaissances nécessaires au cultivateur pour rendre la terre productive qui firent défaut; ce qui lui manquait, ce furent des institutions sages, libérales, prévoyantes, sans lesquelles tous les efforts des classes laborieuses ne sauront atteindre la plénitude de leurs forces productrices et de leurs facultés intellectuelles. Les belles-lettres et les beaux-arts peuvent prospérer sous des gouvernements despotiques qui sacrifient les deniers perçus sur les malheureux paysans à des fastueux monuments, à des actes d'ambition et d'orgueil, mais l'agriculture ne pourra devenir florissante que lorsque les grands et les puissants de la terre auront reconnu la place importante que les travaux agricoles doivent occuper chez les nations soucieuses du bien-public et de l'avenir.

Sous ce rapport, je n'hésite pas à le dire, l'Exposition du Champ-de-Mars marquera heureusement dans les annales du XIXe siècle : elle indiquera l'époque où les sciences ont rivalisé avec les arts pour donner à l'agriculture à la fois des connaissances précieuses et des engins de toutes sortes pour faciliter et pour rendre plus productifs ses pénibles travaux; elle indiquera le moment où le commerce et l'industrie ont ouvert de nouveaux débouchés; et où les beaux-arts sont venus spontanément se grouper à côté des produits des champs, témoignant ainsi de la solidarité de toutes les productions humaines.

Telles sont, Monsieur le Président, les considérations qui m'ont été suggérées par la vue de l'Exposition universelle. En les soumettant à votre appréciation et à celle des membres du Comice dont j'ai l'honneur de faire partie, je crois avoir rempli, autant qu'il était en mon pouvoir, la mission que vous avez bien voulu me confier. En appelant l'attention du cultivateur sur les rapports qui existent entre les sciences, les arts, les industries manufacturières et l'agriculture, en mettant en relief la nécessité qui en résulte, pour les travailleurs des champs, de suivre le mouvement progressif et de quitter la voie des traditions routinières, je crois avoir, en même temps, rendu justice à l'initiative du gouvernement qui n'a pas reculé devant les innombrables difficultés qu'une entreprise aussi grandiose comme celle du Champ-de-Mars avait présentées. Cette initiative était d'autant plus méritoire que les esprits craintifs qui, en 1849, considéraient une Exposition universelle à Paris comme présentant le danger d'un véritable cataclysme pour l'industrie et l'agriculture, semblent ne pas encore être rassurés à l'heure présente, et que non seulement une partie de la presse, mais même un nombre assez considérable d'économistes ont cru entrevoir dans l'Exposition de 1867 un point de départ de divers changements qu'elle pourrait produire au préjudice des usages et des fortunes établis. Sans doute le progrès, en général, ne peut, le plus souvent, se réaliser qu'au détriment des choses existantes, et les triomphes même de la justice et de la liberté n'ont pas été sans faire des victimes.

Mais le développement de l'agriculture, Monsieur le Président, n'exige plus aujourd'hui de si douloureux sacrifices. Ce ne sont ni des champs de bataille, ni de sanglantes victoires qui contribueraient à faire prospérer les rudes mais paisibles travaux que nos terres réclament. Les conditions de leur prospérité consistent, au contraire, dans l'ordre, la paix, dans la solidarité des peuples, conditions à l'édification desquelles l'Exposition, malgré le nom belliqueux que porte l'emplacement où elle a eu lieu, ne manquera pas de contribuer dans un avenir plus au moins rapproché. Ce sera là, Monsieur le Président, je n'en doute pas, à vos yeux, comme aux yeux des membres du Comice, la plus belle victoire que l'Exposition aura remportée.

Veuillez agréer, Monsieur le Président, l'expression de ma haute considération et de mon entier dévouement.

J. F. Flaxland.

Imp. de G. Decker.